爱上数学8

·分数 2·

U0243039

四胞胎的生日蛋糕

〔韩〕卢智瑛 / 著　〔韩〕金淑镜 / 绘　张晓阳 / 译

云南出版集团 晨光出版社

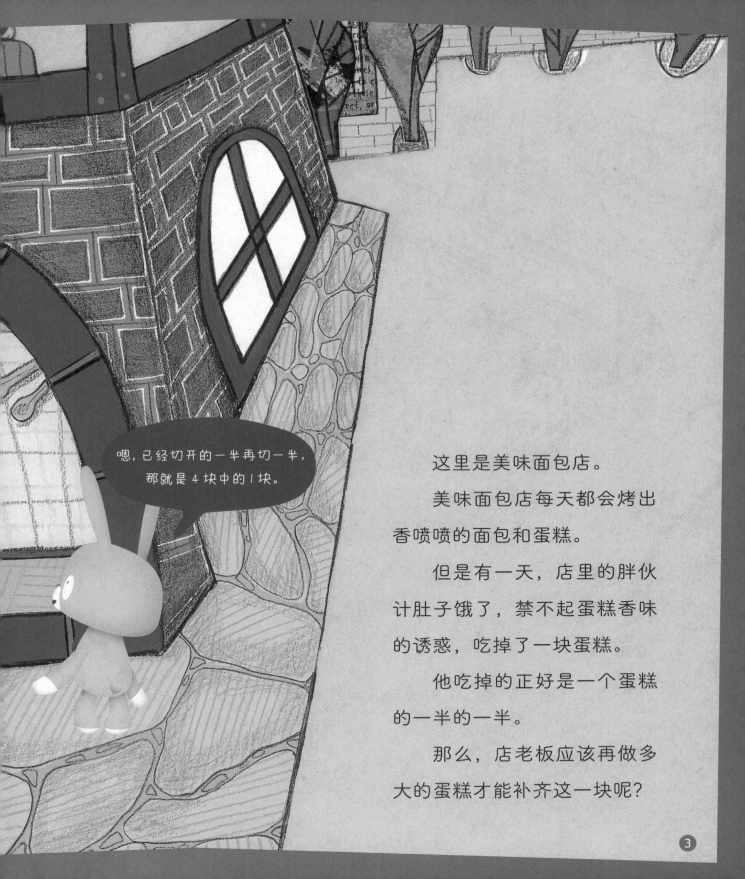

嗯，已经切开的一半再切一半，那就是 4 块中的 1 块。

这里是美味面包店。

美味面包店每天都会烤出香喷喷的面包和蛋糕。

但是有一天，店里的胖伙计肚子饿了，禁不起蛋糕香味的诱惑，吃掉了一块蛋糕。

他吃掉的正好是一个蛋糕的一半的一半。

那么，店老板应该再做多大的蛋糕才能补齐这一块呢？

一大早，数字村的美味面包店就飘出了一阵阵烤面包的香味。

因为美味面包店是这个村子里做面包和蛋糕最好吃的店，所以大家都很喜欢来这里买面包和蛋糕。

他们的生意特别红火，订单堆了满满一桌子。

"今天应该先做哪一个订单呢？"

美味面包店 美味面包店

订单 1

您好，我们家的四胞胎非常喜欢吃水果，请贵店在上午 10 点之前，为她们做 4 个造型、大小都一模一样的水果奶油蛋糕。谢谢。

店老板叫来了他的几个伙计。

"昨天让你们提前准备的蛋糕烤好了吗？快拿过来吧！这个订单10点前就得完成。"

伙计们抬着蛋糕走了过来，这个蛋糕可真大啊！

店老板一看，发愁地说："订单上要4个蛋糕，现在只有1个，这可怎么办？"

9点

店老板考虑了一会儿，说道："没办法了，只好把这个蛋糕平均分成4份了。"

说完，他把这个蛋糕切成了大小相同的4块，对伙计们说："来，你们4个人每人拿走1块。"

胖伙计先拿走了4块中的1块，瘦伙计接着拿走了4块中的1块。之后，矮个子伙计和高个子伙计也分别拿走了4块中的1块。

"你们现在要做的事情，是在蛋糕上均匀地抹上奶油。"店老板叮嘱着伙计们。

但是转念一想，他又开始担心起来，"要是他们把奶油随便抹在上面可怎么办？"

想到这，店老板不禁摇了摇头。

毕竟，这几个毛手毛脚的伙计之前就有把奶油抹得凹凸不平、乱七八糟的先例，还导致客人们对此不满来店里退过蛋糕。

11

"等一下！"店老板喊道，"抹奶油的工作还是我自己来做比较好。快把你们手里的蛋糕都给我拿回来！"

首先是高个子伙计拿来了 4 块蛋糕中的 1 块。

接着，矮个子伙计也把 4 块蛋糕中的 1 块拿了过来。

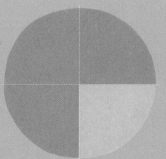

胖伙计把 4 块蛋糕中的 1 块摇摇晃晃地送了回来。

然后是瘦伙计送回了 4 块蛋糕中的最后 1 块。

　　4个伙计把4块蛋糕放在一起，蛋糕又拼成了和最初一样的一整个大蛋糕。

　　店老板一边在蛋糕上均匀地涂抹奶油，一边想："原来被分成4块的蛋糕重新摆回来后，还能恢复原状啊。我真是太聪明了！"

15

店老板抹好奶油后，又将蛋糕重新分给了4个伙计。

"好了，现在你们把水果从冰箱里拿出来吧。"

胖伙计端来了一个大托盘，上面有4颗樱桃、1个猕猴桃、1个橙子，以及一些被切成薄片的菠萝。

"老板，冰箱里只有这些水果了。您看该怎么分呢？"胖伙计问道。

大家你看看我、我看看你，谁也没有好主意。

4 颗樱桃好办，可以在每块蛋糕上各放 1 颗。但是猕猴桃和橙子应该怎么分呢？

这时，站在一旁的胖伙计说："我们是 4 个人，蛋糕也是 4 块，当然应该要分成 4 份了。"

"好，就按你说的办。"店老板把猕猴桃和橙子分别切成了 4 块。

4 个伙计各拿了 1 块猕猴桃和 1 块橙子放在自己的蛋糕上。

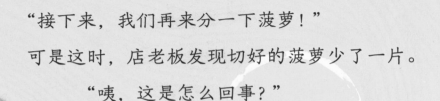

"接下来，我们再来分一下菠萝！"

可是这时，店老板发现切好的菠萝少了一片。

"咦，这是怎么回事？"

　　　在店老板的追问下，胖伙计才吞吞
吐吐地说："对不起老板，昨天晚上我
实在是太饿了，就把菠萝切成了9
片，然后吃掉了1片。"

"算了算了，你们赶快把剩下的菠萝分一下吧。"店老板只想快点儿把蛋糕做完。

"要把剩下 $\frac{8}{9}$ 的菠萝片平均分给 4 个人，每个人应该拿走多少呢？"店老板问伙计们。

"每个人应该拿走 $\frac{2}{9}$ 的菠萝片。"高个伙计率先回答道。

22

"没错，你说得对！大家赶紧过来拿走各自的菠萝片吧！"

于是，4 个伙计排着队拿走了自己那份 $\frac{2}{9}$ 的菠萝片。

把菠萝片摆放好之后，五彩缤纷的水果奶油蛋糕就完成了，看起来十分诱人。

就在这时，胖伙计的肚子里传来了"咕噜咕噜"的声音。

"哎哟，大家的肚子都饿了吧？可是，现在还没有其他烤好的面包和蛋糕，这可怎么办呢？"

店老板突然想到冰箱里还有牛奶。

"嘿，伙计们，快去把冰箱里的牛奶拿出来！"

咕噜咕噜

矮个子伙计一手拿着一个牛奶瓶走了过来。

每个牛奶瓶上都有 4 个刻度。其中一个牛奶瓶的牛奶到第 3 条刻度线，另一个牛奶瓶里的牛奶只到第 2 条刻度线。

"要想把这些牛奶平均分给 4 个人……"店老板再次陷入了思考中。

"如果把牛奶都倒进一个瓶子里，那肯定会溢出来的。可如果不平均分，他们又会有意见……有啦！我先把一个牛奶瓶里的牛奶装到第 4 条刻度线，这样每人分 1 格的牛奶，大家就不会有意见啦！"

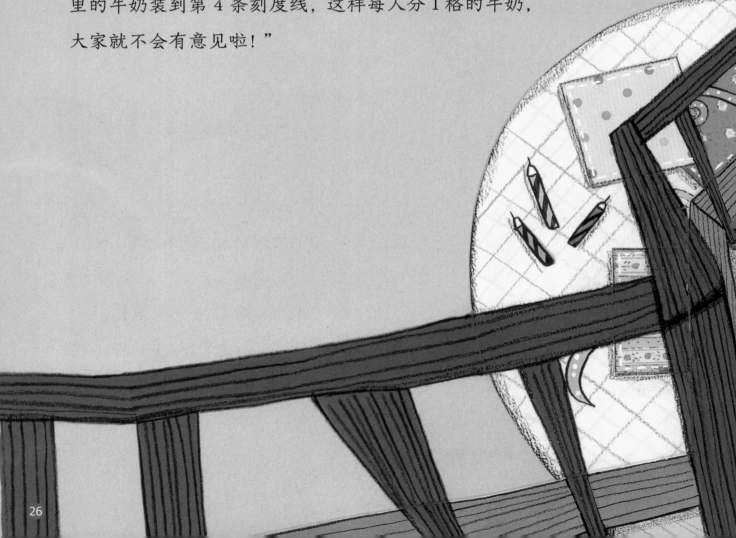

$$\frac{5}{4} = 1\frac{1}{4}$$

店老板将少一点儿的那瓶牛奶倒入多的那个瓶子里，在倒满4格的时候停下。

这样就变成了一瓶满4格的牛奶和一瓶只有1格的牛奶。

"好啦，现在我把这瓶牛奶平均分成4份，你们每人1份。另一个瓶子里的这1格牛奶，就给我喝了吧。"

不知不觉就到了上午 10 点。四胞胎在妈妈的带领下到面包店取蛋糕。

店老板和伙计们热情地跟四胞胎打招呼："孩子们，祝你们生日快乐！你们每个人都有一块水果奶油蛋糕哟！而且，如果你们把各自的蛋糕放在一起的话，还可以拼成一个大大的蛋糕呢！"

四胞胎高兴极了，手里捧着精美的蛋糕盒，异口同声地跟店里的人说："谢谢你们！这个蛋糕一定非常好吃！辛苦啦！"

让我们跟面包店老板一起回顾一下前面的故事吧！

今天早上，我收到了一个订单，给四胞胎做 4 块造型、大小都一模一样的水果奶油蛋糕。一开始，我把大蛋糕切成了 4 块分给我的伙计们，但是因为需要均匀地涂抹奶油，我又把 4 块蛋糕收了回来，没想到分出去的 4 块 $\frac{1}{4}$ 的蛋糕又重新拼成了原来的大蛋糕。后来，用水果装饰蛋糕的时候也用到了分数。甚至在我给伙计们分牛奶的时候，也用到了分数。

现在，让我们一起详细地了解一下分数的类型，以及分数的加法与减法吧！

数学面对面

认识分数

分数可分为分数单位、真分数、带分数、假分数等多种类型。其中，带分数和部分假分数可以互相转化。接下来，让我们一起了解一下应该怎样将一个带分数转化为假分数吧！

我们用图来表示 $1\frac{1}{4}$。带分数 $1\frac{1}{4}$ 是由 1 个大三角形和另一个大三角形的 $\frac{1}{4}$ 组成的，也可以说是由 5 个大三角形的 $\frac{1}{4}$ 组合而成的。因此，带分数 $1\frac{1}{4}$ 其实和假分数 $\frac{5}{4}$ 表示的数量是一样的。

$$1\frac{1}{4} = \frac{5}{4}$$

我们再来了解一下应该如何把带分数转化为假分数。首先，把带分数中的整数部分和分母相乘，得到的数再加上分子，就是对应的假分数的分子了。假分数的分母和带分数的分母是一样的。

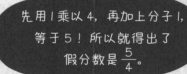

先用 1 乘以 4，再加上分子 1，等于 5！所以就得出了假分数是 $\frac{5}{4}$。

$$1\frac{1}{4} = \frac{1 \times 4 + 1}{4} = \frac{5}{4}$$

带分数可以转化为假分数，有的假分数也可以转化为带分数。现在，我们来学习假分数是如何转化为带分数的。

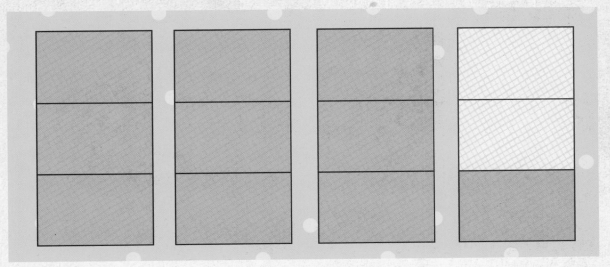

假分数 $\frac{10}{3}$ 可以用上面的图来表示。把每个长方形平均分为 3 部分，每部分为长方形的 $\frac{1}{3}$，10 个这样的部分，就是长方形的 $\frac{10}{3}$。根据图示，3 个这样的部分就是一个长方形，所以 $\frac{10}{3}$ 也可以说是由 3 个长方形和 1 个长方形的 $\frac{1}{3}$ 组合而成。因此假分数 $\frac{10}{3}$ 和带分数 $3\frac{1}{3}$ 表示的数量是一样的。

$$\frac{10}{3} = 3\frac{1}{3}$$

那么，怎样直接把假分数转化成带分数呢？先用假分数的分子除以分母，这时得出的商就是带分数中的整数部分，剩下的余数作为分子。分母则按照假分数的分母写就可以了。

$$\frac{10}{3} = 3\frac{1}{3}$$

10 除以 3 的结果是 3 还余 1，因此可以写成带分数 $3\frac{1}{3}$。分母和假分数的分母一样，都是 3。

刚刚我们学习了如何将带分数转化为假分数，以及如何将假分数转化为带分数。现在，我们再来学习一下如何比较分母相同的分数的大小。我们以下图两份被吃剩的比萨为例。

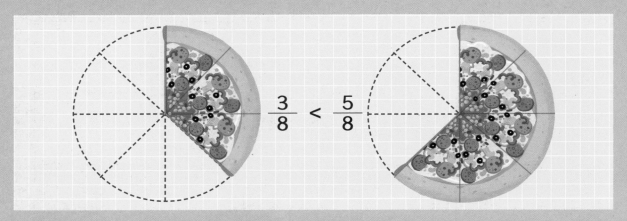

　　两个分母相同的分数比大小，分子越大，分数越大；分子越小，分数也就越小。图中 $\frac{3}{8}$ 的分子是 3，$\frac{5}{8}$ 的分子是 5，因为 5 比 3 大，所以 $\frac{5}{8}$ 比 $\frac{3}{8}$ 大。

　　再来比较一下分母相同的带分数的大小。

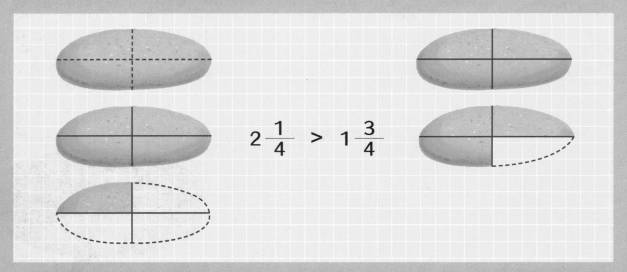

　　两个带分数之间比大小，首先要比较整数部分。如果整数相同，分母也相同，那么就像上面讲到的，只比较分子的大小就可以了。但是上图中带分数 $2\frac{1}{4}$ 的整数部分是 2，而 $1\frac{3}{4}$ 的整数部分是 1，因为 2 比 1 大，因此 $2\frac{1}{4}$ 比 $1\frac{3}{4}$ 大。

现在，我们来学习相同分母分数的加法和减法。

同一分母的两个分数相加时，我们只需要把分子相加就可以了。
同样，同一分母的两个分数相减时，也只要把两个分子相减就可以。

$\dfrac{6}{5}$ 也可以转化为带分数 $1\dfrac{1}{5}$。

$$\frac{2}{5} + \frac{4}{5} = \frac{2+4}{5} = \frac{6}{5}$$

那么，分母相同的带分数的加法和减法应该怎么计算呢？

其实也很简单，只要把带分数的整数部分相加或相减，再把两个带分数的分子相加或相减就可以了。

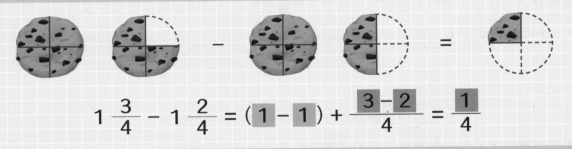

$$1\frac{3}{4} - 1\frac{2}{4} = (1-1) + \frac{3-2}{4} = \frac{1}{4}$$

好奇心一刻

整数和分数之间的计算

举个例子，$1-\dfrac{3}{7}$ 应该如何计算呢？整数和分数相加或相减的时候，把整数转化为分数再计算就会变得容易多了。整数1可以转化为分母和分子相同的分数。因为和1相减的分数是 $\dfrac{3}{7}$，所以要把1转化为分母是7的分数，也就是 $\dfrac{7}{7}$。那如果分母是2，1还可以转化为 $\dfrac{2}{2}$。将整数改写成同一分母的分数后，再按照我们前面讲过的分数加减法进行计算就可以得出结果啦！

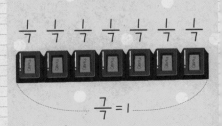

$$\frac{7}{7} = 1$$

身边的数学 生活中的分数

前面，我们已经学习了比较分数大小的方法和如何计算分数的加法、减法。现在让我们来看一看生活中还有什么地方用到了分数。

手工

折纸中的分数

你会折千纸鹤吗？在折千纸鹤的过程中，需要把彩纸反复对折。如果我们把彩纸对折，那么折叠后的彩纸就变成了原彩纸的 $\frac{1}{2}$。如果再对折一次，就变成了原彩纸的 $\frac{1}{4}$。在有趣的折纸游戏中，我们常常会运用到分数。

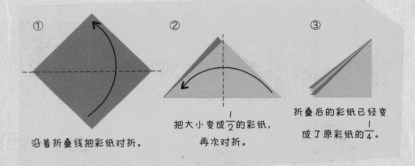

① 沿着折叠线把彩纸对折。

② 把大小变成 $\frac{1}{2}$ 的彩纸，再次对折。

③ 折叠后的彩纸已经变成了原彩纸的 $\frac{1}{4}$。

生活

隐藏在食物中的分数

超市为了方便不同人群的需求，经常把商品分成小份进行出售。比如像西瓜这样大个头的水果，超市会将它分为 $\frac{1}{2}$，$\frac{1}{4}$ 等不同大小的份量出售。比萨和蛋糕也常被切成小份后出售。这样做不仅方便大家购买，也减少了浪费现象。

音符中的分数

　　右边的乐谱上有很多不同的音符，它们也是用分数表示的，你比较过这些音符的大小吗？以 $\frac{4}{4}$ 节拍的乐谱为准，全音符是指每个小节都要奏出 4 个节拍的意思。二分音符是全音符的 $\frac{1}{2}$，也就是要在每个小节演奏 2 个节拍。四分音符是全音符的 $\frac{1}{4}$，所以每个小节只需要演奏 1 拍即可。除此之外，八分音符是全音符的 $\frac{1}{8}$，十六分音符是全音符的 $\frac{1}{16}$。

地理

地图上的比例尺

　　地图就是把实际土地按照一定的比例缩小后，在纸上呈现出来的缩略图。绘制地图时，首先要决定想要把实际距离按照什么样的比例缩小，这个比例就叫作"比例尺"。例如，右下角这张中国地图的比例尺是 1:48000000，1 厘米所表示的实际距离是 48000000 厘米，也就是 480 千米。遇到比例尺不同的两种地图，只要将两个地图的比例尺转化为分数来看，就可以判断出地图的大小了。举个例子，比例尺为 1:5000 用分数表示是 $\frac{1}{5000}$，比例尺为 1:50000 用分数来表示是 $\frac{1}{50000}$。由于比例尺为 1:5000 的分母更小，所以 1:5000 更大。也就是说，比例尺为 1:5000 的地图要比比例尺为 1:50000 的地图更加详细。

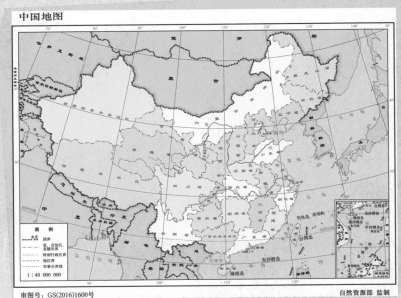

中国地图

图例

国界
省、自治区、直辖市界
特别行政区界
地区界
军事分界线

1:48 000 000

审图号：GS(2016)1600号　　　　　　　自然资源部 监制

谁吃得最多

有 4 个小朋友在吃菠萝。读一读下面每个小朋友说的话，按照每个人吃的数量，在空白的菠萝片上涂上颜色，然后找出他们当中吃得最多的那个小朋友，并圈出来。

我吃了 $\frac{1}{9}$ 的菠萝片。

我吃了 $\frac{3}{9}$ 的菠萝片。

我吃了 $\frac{5}{9}$ 的菠萝片。

我吃了 $\frac{7}{9}$ 的菠萝片。

搭建面包房

请你仔细地阅读背面的制作方法，按照步骤做出面包房。面包房的墙上写了很多不同的分数。本页的最下方有 3 个不同的分数，把它们沿黑色实线剪下来后，分别贴在面包房墙上对应的大小相同的分数上，作为面包房的窗户。

我手里的蛋糕可以说是 $1\frac{1}{4}$ 个蛋糕，也可以说是 $\frac{5}{4}$ 个蛋糕。

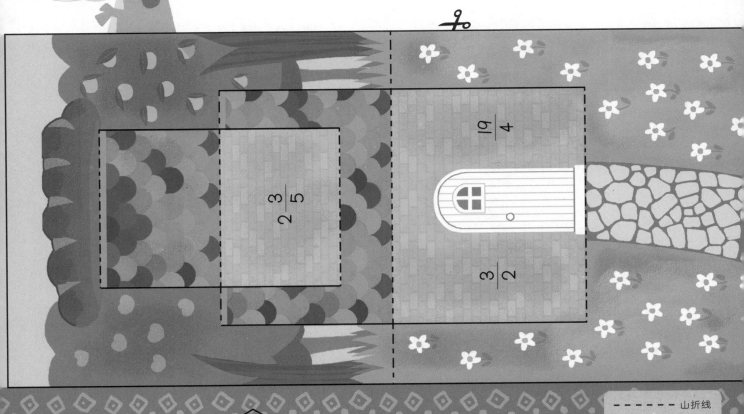

- - - - - 山折线
- · - · - 谷折线

制作方法

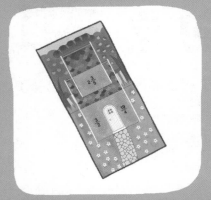

1. 沿黑色实线剪下、剪开图纸。

2. 根据标注的折叠线将图纸进行折叠。请注意折叠的方向。

3. 折叠后，两层的面包房就制作完成了。

快来吃曲奇饼干

4 个小朋友正在吃曲奇饼干，他们分别用分数表示出了自己吃掉的饼干数量。请你仔细观察图片，找出与带分数相对应的假分数，然后用线连起来。

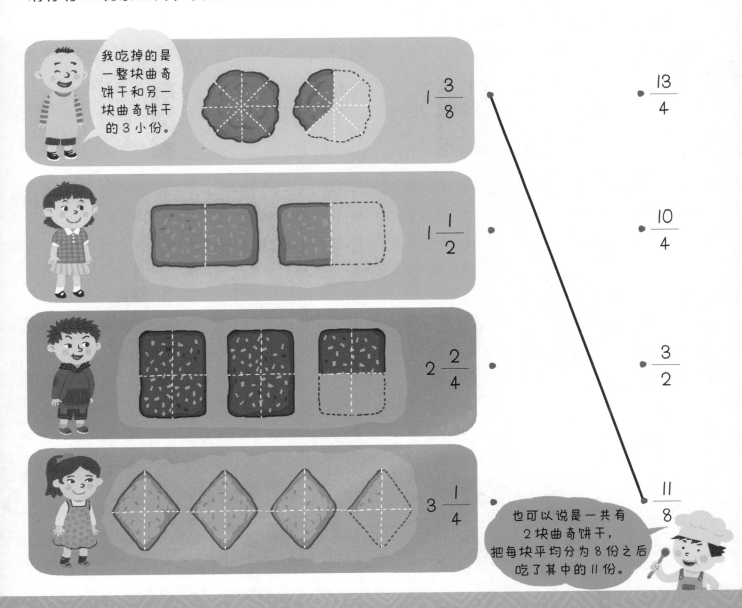

我吃掉的是一整块曲奇饼干和另一块曲奇饼干的 3 小份。

$1\dfrac{3}{8}$

$1\dfrac{1}{2}$

$2\dfrac{2}{4}$

$3\dfrac{1}{4}$

$\dfrac{13}{4}$

$\dfrac{10}{4}$

$\dfrac{3}{2}$

$\dfrac{11}{8}$

也可以说是一共有 2 块曲奇饼干，把每块平均分为 8 份之后吃了其中的 11 份。

趣味小游戏4 蛋糕上的奶油

　　面包店老板和他的伙计们正在给蛋糕抹奶油。请仔细观察每一块蛋糕上的奶油，然后在页面最下方找到相应的分数，沿黑色实线剪下来后贴在对应的粘贴处。

最后比较下蛋糕上涂抹奶油的多少，在◯内填入"＞"或"＜"。

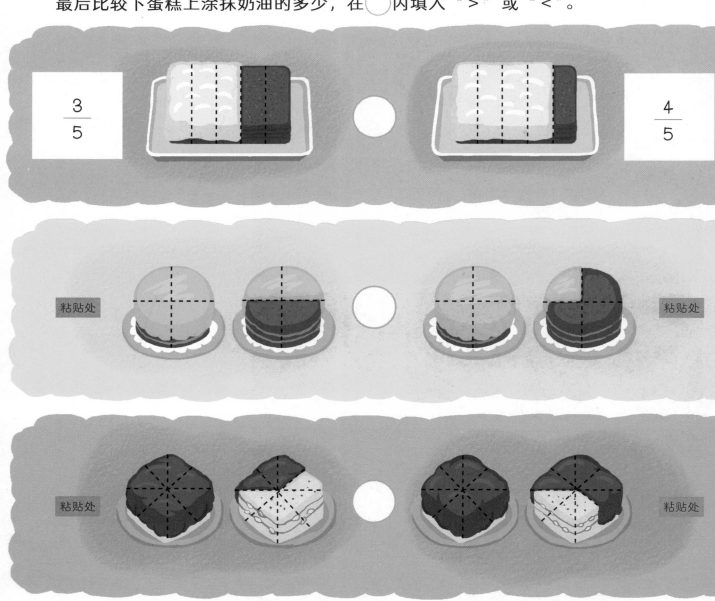

$\dfrac{3}{5}$　　　　　$\dfrac{4}{5}$

粘贴处　　　　　粘贴处

粘贴处　　　　　粘贴处

$\dfrac{11}{8}$	$\dfrac{8}{4}$	$\dfrac{5}{4}$	$\dfrac{13}{8}$	$\dfrac{9}{8}$	$\dfrac{6}{4}$

美味的猕猴桃奶昔

面包店的瘦伙计和胖伙计想把剩余的材料制作成美味的猕猴桃奶昔。请你仔细观察下面的图片，看看每种材料剩余的量各有多少，并把它们相加，再分别用假分数和带分数写出来。

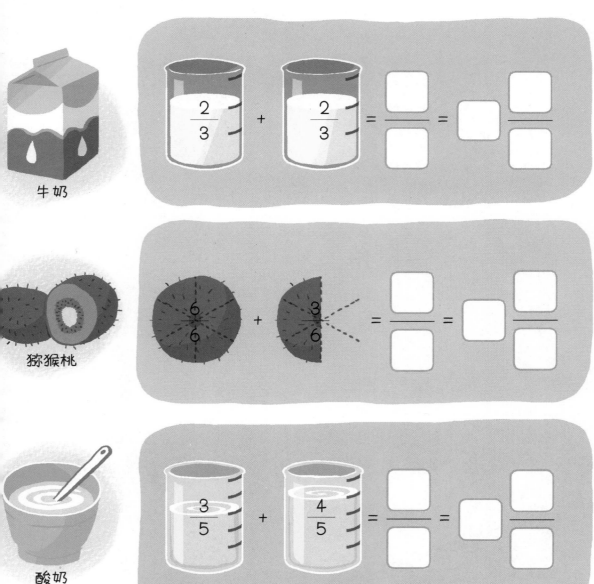

牛奶

$$\frac{2}{3} + \frac{2}{3} = \frac{\square}{\square} = \square\frac{\square}{\square}$$

猕猴桃

$$\frac{6}{6} + \frac{3}{6} = \frac{\square}{\square} = \square\frac{\square}{\square}$$

酸奶

$$\frac{3}{5} + \frac{4}{5} = \frac{\square}{\square} = \square\frac{\square}{\square}$$

给伙计做围裙

美味面包店的老板正在给他的伙计们做围裙。请你帮忙解出围裙上的分数减法算式，然后把旁边写有答案的图案沿黑色实线剪下来，分别贴在围裙的相应位置上。

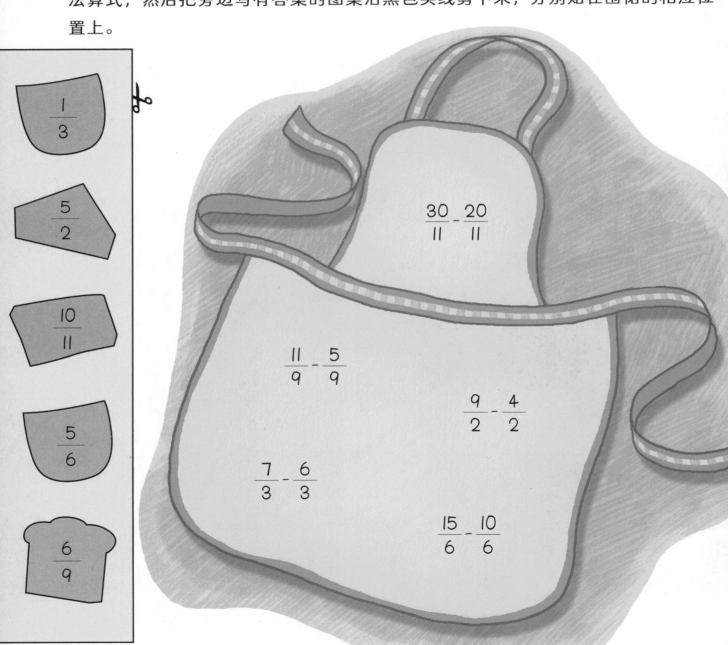

小兔做蛋糕

小兔的妈妈快要过生日了，她准备做一个蛋糕送给妈妈。观察图片中小兔使用的材料，灵活运用我们学过的分数，将蛋糕的制作方法补充完整。

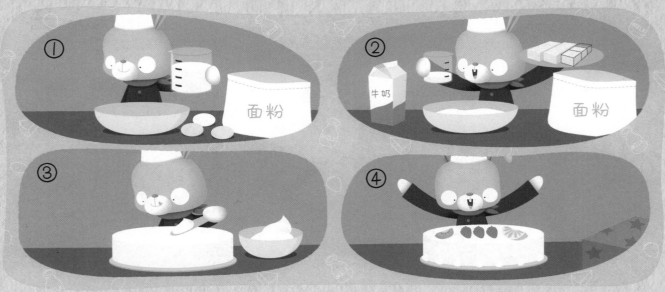

小兔的蛋糕制作方法

所需材料：面粉 $\frac{3}{4}$ 杯，牛奶 $\frac{1}{3}$ 杯，黄油 $2\frac{2}{3}$ 块，鸡蛋 3 个，猕猴桃 $\frac{1}{4}$ 个，橙子 $\frac{1}{4}$ 个，草莓 3 个。

① 将 3 个鸡蛋打在 $\frac{3}{4}$ 杯面粉里，搅拌均匀。

② _____

③ 把蛋糕糊倒进模具里，然后放进烤箱中烘烤，取出晾凉后涂上奶油。

④ _____

参考答案

分母相同的分数，
分子越大，分数也就越大。

40~41 页

42~43 页

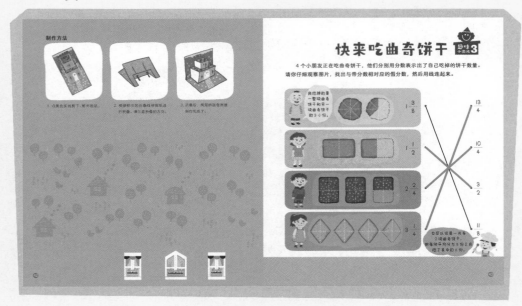